L'AGRICULTURE

RÉGÉNÉRATRICE DE LA FRANCE

PAR M. E. BABLOT-MAITRE

AGRICULTEUR A JONCHERY-SUR-SUIPPE

MEMBRE TITULAIRE DE L'ACADÉMIE NATIONALE DE PARIS ET DU COMICE AGRICOLE DE CHALONS-SUR-MARNE, MEMBRE CORRESPONDANT DE L'INSTITUT DES PROVINCES, DE LA SOCIÉTÉ D'AGRICULTURE, SCIENCES ET ARTS DE LA MARNE, DE L'ACADÉMIE DE REIMS, LAURÉAT DE NOMBREUX CONCOURS ET AUTEUR DE DIVERS TRAVAUX D'ÉCONOMIE RURALE ET SOCIALE.

MÉMOIRE COURONNÉ D'UNE MÉDAILLE D'OR PAR LE COMICE CENTRAL DE LA MARNE.

CHALONS SUR-MARNE
IMPRIMERIE DE T. MARTIN, PLACE DU MARCHÉ-AU-BLÉ, 50.

1877.

L'AGRICULTURE RÉGÉNÉRATRICE DE LA FRANCE.

L'AGRICULTURE

RÉGÉNÉRATRICE DE LA FRANCE

PAR M. E. BABLOT-MAITRE

AGRICULTEUR A JONCHERY-SUR-SUIPPE

MEMBRE TITULAIRE DE L'ACADÉMIE NATIONALE DE PARIS ET DU COMICE AGRICOLE DE CHALONS-SUR-MARNE, MEMBRE CORRESPONDANT DE L'INSTITUT DES PROVINCES, DE LA SOCIÉTÉ D'AGRICULTURE, SCIENCES ET ARTS DE LA MARNE, DE L'ACADÉMIE DE REIMS. LAURÉAT DE NOMBREUX CONCOURS ET AUTEUR DE DIVERS TRAVAUX D'ÉCONOMIE RURALE ET SOCIALE.

MÉMOIRE COURONNÉ D'UNE MÉDAILLE D'OR PAR LE COMICE CENTRAL DE LA MARNE.

CHALONS

IMPRIMERIE T. MARTIN, PLACE DU MARCHÉ-AU-BLÉ, 50

1877.

INTRODUCTION.

Pareillement au calme qui suit toujours la tempête, au beau temps qui succède à la pluie, à la paix venant après l'ouragan dévastateur de la guerre, la France, démâtée, paraît renaître de son naufrage désastreux dans la mer de l'invasion étrangère. Malgré la mutilation de nos plus riches provinces, la saignée considérable de nos finances, la perte de milliers d'hommes, la France revit de son épuisement, de son anémie.

Semblables aux marins qui espèrent toujours, de même, pleins de confiance dans l'illustre, le vaillant capitaine qui dirige et maintient si fermement le gouvernail de la nation, nous devons tous chercher à imiter son exemple et seconder ses efforts en réparant nos avaries.

Il est donc du devoir de chacun de travailler dans la mesure de son possible à refaire les agrès du noble vaisseau de la France !

Sur cette mer agitée, je m'estimerai heureux pilote, si je puis contribuer, même faiblement, à ramener au port notre belle patrie, encore en deuil et si éprouvée.

La régénération agricole, ai-je dit quelque part, *doit précéder la régénération sociale.* C'est cet axiome, que dis-je? cette grande vérité, cette nécessité sociale que je vais essayer de démontrer, comptant beaucoup sur l'indulgence de ceux qui liront ces quelques lignes, et espérant un accueil, sinon favorable, du moins bienveillant, ainsi qu'il en a été de mes travaux antérieurs.

L'AGRICULTURE

REGÉNÉRATRICE DE LA FRANCE

—

La guerre cruelle dont la France a été naguère la victime, les saturnales sauvages d'un vandalisme communard, qui ont ensanglanté en même temps les rues de la capitale, détruit ses maisons, brûlé ses monuments, sans respect pour ces témoins séculaires de notre ancien prestige, pour ces pages vivantes de notre histoire, tels sont les fléaux terribles qui ont fondu en 1870-1871 sur notre pays.

Deux de nos plus belles provinces et cinq milliards exigés par notre implacable ennemi, telle fut la dure rançon à laquelle il faut ajouter cinq autres milliards pour nos autres pertes (1). On voit à quel fabuleux total se chiffrent nos désastres, sans compter des milliers de jeunes gens, la fleur de la jeunesse, perdus à tout jamais.

Puissent ces sacrifices douloureux et cette terrible expiation détourner à jamais de notre patrie des catastrophes que l'on pourrait éviter en se régénérant !

Oui, tel est le bilan du dernier déchaînement des passions humaines en France, car les guerres, étrangères ou civiles, ont toujours pour cause l'orgueil, l'ambition de deux hommes, deux partis ou deux nations, dont les conséquences sont la haine et la vengeance.

(1) La perte de l'agriculture seule se chiffrait par un milliard, dont 250 millions en gros bétail.

La première guerre n'a-t-elle point commencé dès qu'il y eut deux hommes sur la terre, c'est-à-dire entre Caïn et Abel?

Le remède à tant de maux, la régénération enfin, consiste, pour être logique, à éviter le mal et à faire le bien. Nos efforts doivent donc tendre à l'apaisement des esprits, à la concorde, à la charité envers nos semblables, en un mot, à la véritable fraternité ; mais il faut y ajouter le travail et une économie bien entendue.

C'est dans ces conditions que la France se relèvera tout-à-fait.

Si les passions humaines sont les causes premières des révoltes ou des guerres, il est de toute évidence que la paix, la tranquillité doit se trouver dans la pratique des vertus, c'est-à-dire de la morale; mais il n'y a pas de morale sans religion, qui est le seul frein naturel de nos révoltes. Otez un peu la religion de la morale, que reste-t-il? la force, c'est-à-dire le soldat ou le gendarme?

C'est donc dans la pratique des principes moraux divins que se trouve la véritable régénération sociale.

Comme il n'y a pas de véritable morale sans la religion (1),

(1) La base de la morale publique, la seule base de l'ordre social, a dit Cuvier, consiste dans le sentiment religieux, qui détermine chacun à rendre au Créateur de l'univers le culte qui lui est dû ; c'est le sentiment universel qui a été donné à l'homme par Dieu lui-même en le créant, ce sentiment qu'un incrédule, au milieu de ses sophismes, ne pourrait détruire. M. de Serres exprime la même pensée et ajoute : « La morale est donc contemporaine de toutes les sociétés; elle a donc pour conséquence le respect et l'honneur envers le Créateur suprême et envers les auteurs de nos jours, la vieillesse, l'amour de la patrie, enfin toutes les vertus que l'on trouve chez tous les peuples, et sans lesquelles tous les peuples sont condamnés à périr.

La loi religieuse est la base de la loi civile, comme la morale sociale doit avoir pour base la religion. En effet, le Décalogue nous ordonne de respecter Dieu, Créateur de l'univers, respect du fils pour son père et sa mère, qui sont les représentants de Dieu envers lui, respect par conséquent de la femme et de la fille d'autrui : en deux mots : lois sacrées du mariage et de la famille, respect de la propriété et de la religion.

(que l'on n'abandonne jamais en vain, ainsi que nous l'apprend l'histoire), c'est sur cette base que l'on doit élever le nouvel édifice social.

La régénération doit commencer par l'individu, par la famille, avant d'embrasser la société, qui n'est qu'une grande famille.

Cette régénération de soi-même est d'autant plus nécessaire, qu'il est démontré que notre ennemi le plus acharné, ce sont nos passions, causes physiques et morales de nos désastres, causes parfaitement résumées dans le tableau suivant d'un agronome érudit, d'un jugement rare (1), dépeint de main de maître.

« L'excès du luxe, les triomphes trop faciles de la bohême financière, les travaux somptueux de toute nature attiraient les hommes et les capitaux et les aventuriers de tout étage, en soutirant les forces vives des campagnes. Comment d'ailleurs la vue des fortunes scandaleuses amassées dans l'agiotage ; comment le spectacle des corruptions triomphantes n'eût-il pas enflammé l'envie de ces malheureux ouvriers, auxquels les entraîneurs du journalisme révolutionnaire enseignaient le mépris de Dieu et des lois morales, la haine de tout devoir et de toute contrainte, en les persuadant qu'eux seuls sont les vrais producteurs, eux seuls les vrais souverains, et que, pour entrer dans la souveraineté, ils n'avaient que la peine de se compter ?

» Croit-on que Paris a été éclairé par les ruines et les crimes ? Croit-on que la France a profité de ses échecs et de ses revers cruels ? Non, mille fois non. La démagogie travaille au grand jour, surtout dans les villes, et ne doute point de son triomphe futur. »

Examinons ce qui se passe autour de nous : l'autorité n'a plus le prestige et la force qu'elle avait autrefois.

(1) L. Hervé, directeur de la *Gazette des Campagnes*.

Ne semble-t-il pas que tout le monde voudrait commander et que personne ne veut plus obéir ?

Cela vient nécessairement de l'abandon des principes; dès lors, plus de règles que la fantaisie, l'intérêt ou la passion.

« Le principe d'autorité est méconnu, disait aussi M. de la Bouillerie au comice de Beaugé ; c'est le mal de notre époque, et c'est la cause du trouble dans lequel s'agite depuis longtemps la France. On a beau vouloir ériger en doctrine que les principes sont inutiles : les principes ont assez de force pour relever les sociétés, pour leur rendre la stabilité la prospérité et l'éclat. »

Ne sommes-nous point arrivés à une époque où chacun se défie l'un de l'autre au lieu de chercher à s'entendre, à s'unir : l'*union en effet fait la force.*

Nos campagnes sont aujourd'hui la seule réserve de l'ordre social, et, comme l'a dit le spirituel publicisite que j'ai cité en commençant : « Malheur à la France si les campagnes ne se hâtent de s'éclairer sur la situation que leur ont faite les terribles épreuves que nous venons de subir et ne se préparent point, par une saine éducation morale, politique et civique, à remplir la mission qui leur incombe. »

Les campagnes sont l'incarnation de l'ordre ; elles repoussent avec indignation, avec mépris, les sectes qui prêchent la spoliation, parce qu'elles savent que la propriété est le fruit du travail ; elles repoussent aussi les énergumènes qui renient la famille, le mariage et tous les devoirs sacrés attachés à la condition de père, de mère, de frère, de sœur ; elles repoussent par-dessus tout la négation de Dieu, principe et sanction suprême de toute loi morale et sociale.

En consultant l'histoire, on ne voit pas un peuple qui n'ait payé de sa chute l'oubli des lois souveraines ; pas de peuples grands et prospères, sinon ceux qui s'y attachent solidement et en font la base de leurs lois et coutumes.

« Les peuples ne sont pas faits pour les gouvernements ; mais les gouvernements sont faits pour les peuples. »

N'abordons point ce terrain, ce terrain brûlant de la politique, qui n'est point de notre ressort, et laissons à ceux qui ont la grande, la difficile, l'ingrate mission de nous gouverner le soin de cette tâche laborieuse, délicate et pénible.

A l'heure qu'il est, la France ne peut compter que sur elle-même pour relever le pays de tant de ruines matérielles et morales : *là est le salut, la régénération de la Patrie.*

L'agriculture, chacun le sait, est contemporaine de la création : le travail de la terre imposé à l'homme par Dieu était un travail de régénération, et la première loi donnée à l'homme a donc été une loi divine.

Depuis les temps les plus reculés, l'agriculture a toujours été honorée, et les peuples, même dans leur décadence, la déifièrent; la raison en est que les peuples les plus sauvages et les moins civilisés ont toujours reconnu la nécessité d'une religion, comme frein aux passions. C'est ainsi que les Egyptiens adorèrent l'idole Osyris, les Grecs firent hommage des prémices de leurs moissons à Cérès, les Latins à Janus; les Romains, dans leur décadence, n'élevèrent-ils point non-seulement des statues, mais encore un temple à Sterlucus (*le dieu fumier*), et n'élevèrent-ils pas aussi au rang des dieux Numa et Romulus ?

Plus heureux que du temps du paganisme, nous savons rendre à César ce qui est à César et à Dieu ce qui lui est dû.

Dans notre siècle, l'agriculteur reconnaît à chaque pas les œuvres du Créateur, dans sa contemplation de tous les jours.

L'homme, sorti du limon de la terre par la puissance du Créateur, est devenu terrestre et agriculteur dès son origine, par la force des lois divines et naturelles. Chacun trouva sur le sol originel, arrosé de sueurs, la vie nécessaire à tous. De là cette grande vérité que les familles comme les nations sont liées à la terre, qui seule produit leurs moyens d'existence.

« Si elles n'y tiennent point par des racines, comme les végétaux, disait un bien regrettable économiste, le docteur Guyot, elles en dépendent au moins comme tous les animaux, dont le corps se forme et dont la vie s'entretient des minéraux, des plantes et des autres dérivés du sol, solides, liquides et gazeux, et des forces naturelles qui s'y manifestent : lumière, chaleur, électricité et gravitation. »

On le voit donc, la première nécessité de la vie humaine, après sa reproduction, consiste dans son entretien par les aliments, les vêtements, les abris.

Toutes les œuvres de la création, en un mot, nous rappellent à Dieu. Je ne puis résister à citer ici quelques lignes de l'auteur des *Leçons de la Nature*, qui devraient trouver place dans toutes les bibliothèques. Dans sa contemplation, ce savant auteur (1) s'écrie : « Qui a construit la voûte immense des cieux ? Qui a placé dans le firmament ces feux si innombrables, ces astres qui, d'une si prodigieuse distance, envoient leurs rayons jusqu'à nous? Qui leur ordonne de se mouvoir avec tant de régularité? Qui a dit au soleil d'éclairer et de fertiliser la terre?

» Superbes montagnes, qui vous a établies sur vos fondements? Qui élève vos têtes jusqu'au-dessus des nues? Qui vous orne de forêts verdoyantes, de ces arbres fruitiers, de ces plantes utiles et si variées, et de tant de fleurs agréables ? Qui a couvert vos cîmes sourcilleuses de neige et de glace et fait jaillir de vos entrailles ces sources qui humectent et fécondent la terre, ces fleuves majestueux qui portent partout l'abondance et la vie ?

» Fleurs des champs, qui vous donne cette magnifique parure? Par quel prestige un peu de terre et quelques

(1) M. Cousin-Despréaux

gouttes d'eau ont-elles produit vos grâces enchanteresses? D'où vous viennent ces parfums qui nous embaument et nous récréent ? ces couleurs brillantes qui réjouissent nos yeux, et que l'art des mortels ne peut imiter ?

» Oui, mon Dieu, c'est votre parole puissante et sage qui appela toutes ces choses et leur donna l'être, le mouvement et la vie. Le ciel avec tous ses feux, la terre émaillée de fleurs, le chant mélodieux des oiseaux, le doux murmure des fontaines, le cours majestueux des fleuves, la diversité des paysages, mille points de vue, tous plus variés les uns que les autres, fournissent sans cesse de nouveaux sujets de contemplation auxquels nous ne pouvons point être insensibles, à moins de ressembler à l'animal stupide qui se nourrit de l'herbe des prés et se désaltère le long des ruisseaux. »

Quoi de plus beau en effet, de plus saisissant, de plus harmonieux que les beautés de la nature ! Quoi de plus propre à nous rappeler notre origine et à remercier le Créateur ! Ah ! c'est que l'agriculture est notre nourricière à tous. Quoi de plus grand que de donner au genre humain sa nourriture et sa vie !

« Par l'agriculture, disait un jour un illustre évêque (1), Dieu nourrit l'humanité, et, chaque jour, celle-ci, en demandant sa nourriture au Père céleste, dit à l'agriculteur :

« Donnez-nous aujourd'hui notre pain quotidien. »

C'est la raison pour laquelle la bêche, la charrue, la herse et la faucille sont honorées dans toutes les langues et chantées par tous les poètes.

Oui, c'est l'Agriculteur suprême qui créa les champs et qui le premier les cultiva ; c'est lui qui fait les saisons et leur favorable influence ; c'est lui qui envoie la chaleur, les vents rafraîchissants, les tièdes ondées.

(1) Mgr Dupanloup.

Les rudes travaux des champs imposent une vie réglée et sobre, ils endurcissent aux fatigues, fortifient les corps et trempent les caractères.

L'agriculteur est ennemi des troubles, non-seulement par intérêt, mais par sa constitution même.

L'ordre, l'activité, l'économie, la prévoyance, la persévérance sont nécessaires aux travaux des champs.

Intelligence, instruction, piété, vertu, voilà le premier capital, le fonds indispensable.

Columelle disait que les travaux des champs étaient proches parents de la sagesse.

Si nous voulons chercher encore une autre preuve de l'alliance intime de l'agriculture et de la religion, nous la trouverons dans les prières que l'Eglise demande chaque année pour les produits de la terre.

La Fête-Dieu, par exemple, n'est-elle pas une des plus belles manifestations des bénédictions que la religion appelle sur les biens terrestres? Il n'y a point de fête plus chère au cœur de l'agriculteur.

Voici la raison, au point de vue agricole et religieux, qu'en donne le savant publiciste (1) que je me plais à citer encore :

« L'Eucharistie est avant tout un sacrement agricole et viticole ; le pain et le vin que Jésus-Christ change en son corps et en son sang sont eux-mêmes le produit d'une transsubstantiation due aux travaux, aux sueurs, aux fatigues et aux sacrifices du laboureur et du vigneron. L'Eucharistie, vue de ce côté, est le sacrement de l'union de la créature à son Créateur ; il contient tout le mystère de la vie terrestre dans son union avec la vie céleste, terme sublime de la destinée humaine.

(1) L. Hervé.

» Le pain et le vin, avant de devenir la substance de notre corps, tirent de la terre et de l'air leurs éléments organiques et minéraux. Par le pain et le vin, l'homme commence avec la matière. A son tour, Jésus-Christ incorpore la substance divine à la substance humaine par le moyen du pain et du vin.

» Cultivateurs et vignerons sont les ministres, avec le prêtre, de cette ineffable union de la terre à l'homme et à Dieu; en un mot, de la création terrestre à l'auteur de toutes choses. Ainsi, depuis la motte de terre où croit le blé, où pousse le cep, jusqu'à Dieu, l'Eucharistie relie la terre au ciel.

» Il nous apprend, il nous enseigne que le travail et le sacrifice sont les principes premiers de toute grandeur et de toute félicité, ici-bas comme dans la vie éternelle.

» En unissant dans une auguste alliance le ministre de la charrue au ministre de l'autel, il nous révèle le sens de cette parole sublime du Sauveur : « *Pater meus agricola* : *Mon père aussi est agriculteur*. »

L'agriculture est donc la rédemption matérielle de l'homme, comme le christianisme en a été sa rédemption spirituelle. Si de grands talents jettent un éclat passager, de grandes vertus peuvent régénérer la France.

L'agriculture donc possède toutes les vertus sociales.

Avant d'approfondir cette importante question sous tous ses aspects, jetons un coup-d'œil rétrospectif sur le passé de notre race.

L'histoire du monde nous apprend que, depuis plus de 6,000 ans, à la suite des diverses destructions causées par de nombreuses guerres, les différents peuples sont toujours retournés aux travaux des champs, aux travaux de la paix par excellence.

En remontant seulement à l'origine de la Gaule, on voit

que nos ancêtres les Gaulois s'adonnaient activement à l'agriculture. La propriété personnelle leur était inconnue, bien que leurs chefs leur distribuassent chaque année des terres conquises, en tel lieu, en telle quantité convenable, car, l'année suivante, ils les forçaient de tout quitter, de tout abandonner pour aller s'établir ailleurs, afin de ne pas s'attacher au sol et de ne pas perdre ainsi le goût de la guerre.

Des auteurs (1), très-lus, de la *Vie rurale en France*, et des travaux desquels je m'inspire, nous font connaître que J. César, après la conquête de la Gaule, fit cesser ce communisme territorial et le remplaça par la propriété individuelle.

Beaucoup d'historiens ont considéré les tribus de la Gaule comme des barbares, tandis qu'il est bien prouvé, ainsi que M. V. Cancalon l'a savamment soutenu, que les Gaulois ont été les fondateurs de la civilisation occidentale, et que leur agriculture, comme leur industrie, étaient arrivées à un haut degré de perfection quand César les attaqua. Si l'on en croit un de nos économistes contemporains (2), nos vaillants ancêtres avaient connu les merveilles de la civilisation orientale avant de pénétrer en Europe, car ils possédaient en Asie de nombreux établissements, et c'est à la suite de leur conquête de l'Egypte qu'ils vinrent coloniser nos contrées.

Le pays du Rémois est cité comme une des provinces les plus puissantes, et Reims une des villes les plus considérables de la Gaule.

Sous le régime gaulois, les 9/10es du sol étaient livrés au pâturage et à la forêt. Le seigle était très-connu et l'avoine très-répandue dans leur culture, pour la plus grande partie pastorale. D'où, conclut M. de Lavergne, la grande quantité de viande ou la forte nourriture de cette vaillante tribu, qui ne connaissait guère les superfluités du luxe,

(1) MM. Monteil et C. Louandre.
(2) M. L. de Lavergne.

explique la haute taille et les forces musculaires de cette brave nation.

De même que la conquête avait modifié ce que l'on appelle aujourd'hui l'état civil des Gaulois, de même le christianisme modifia les mœurs des Gallo-Romains.

Vers le Xe siècle, on vit s'élever la société féodale sur les ruines des institutions romaines et germaniques.

Ce sont les *moines* qui ont défriché la France et une partie de l'Europe. Ce sont également des *religieux*, des Chartreux de Lillers, qui firent au XIIe siècle l'essai de puits jaillissants, appelés actuellement puits artésiens. Un autre ordre de *religieux* (1), les *Oratoriens* de Maubeuge, essayèrent le drainage au moyen de tuyaux en 1600 (2). Suivant un des honorables auteurs cités plus haut, le blé (j'ai oublié de le signaler) ne fut connu dans la Gaule qu'au premier siècle de notre ère, et les grands résultats qu'on en obtint le firent vulgariser rapidement.

En dehors des céréales, les Gaulois de l'Aquitaine cultivaient le millet, le chou, la vesce, les fèves et les lentilles ; ils faisaient également une grande consommation de sarrasin ou blé noir. Le maïs fut naturalisé dans la vallée du Rhône sous les premiers Valois.

Je crois qu'il serait intéressant, dussé-je m'éloigner un instant du fond de mon sujet, de rapporter ici, d'après M. Monteil, combien peu de plantes sont indigènes de la France.

Parmi les légumes, le concombre vient d'Espagne ; l'artichaut, de la Sicile et de l'Andalousie ; le cerfeuil, de l'Italie ; le cresson, de Crète ; la laitue, de Coos ; le chou blanc, du Nord ; le chou vert, le chou rouge et le persil, de l'Egypte ; le chou-fleur, de Chypre ; l'épinard, de l'Asie mineure ; l'asperge, de l'Asie ; la citrouille, d'Astrakan ;

(1) Lavergne.

(2) N'est-ce pas aussi un moine qui importa en Europe le ver à soie dans un bâton creux ?

l'échalotte, d'Ascalon ; le haricot, de l'Inde; le raifort, de la Chine; le melon, de l'Orient et de l'Afrique ; l'Amérique nous a fourni la pomme de terre et le topinambour.

Parmi les fruits, nous devons l'aveline, la grenade, le coing et le raisin, à l'Asie, l'abricot à l'Arménie, la pêche à la Perse, l'orange à l'Inde, la figue à la Mésopotamie, la noisette et la cerise au Pont, la châtaigne à la Lydie, la prune à la Syrie, les amandes à la Mauritanie, et les olives à la Grèce.

Parmi les arbres, le marronnier vient de l'Inde; le laurier, de la Crète ; le sureau, de la Perse; l'orme, d'Italie.

Parmi les fleurs, la narcisse et l'œillet viennent aussi de l'Italie; le lys, de la Syrie ; la tulipe, de la Cappadoce; le jasmin, de l'Inde ; la reine-marguerite, de la Chine ; la capucine, du Pérou ; le dahlia, du Mexique.

On croit que la vigne fut importée en 380 par Brennus. Vers le Ve siècle de notre ère, la vigne était très-nombreuse dans le Languedoc, la Bourgogne et le Berri. En Champagne, c'est vers le moyen âge que cette plante se propagea.

Vers le XIVe siècle, l'agriculture fit des progrès marqués sous Philippe-le-Bel, Louis X, Philippe-le-Long et Charles V. C'est Philippe-le-Bel qui établit les premières douanes frontières, et le droit de vaine pâture fut l'œuvre de Charles V, surnommé le Sage. C'est également lui qui fit paraître les premiers règlements généraux relatifs à l'administration des eaux et forêts.

Après les guerres cruelles du XVe siècle, la France vit revenir les beaux jours du temps de Charlemagne, dont les Capitulaires nous offrent des preuves multipliées des soins qu'il faisait donner à la culture de ses domaines, et l'exemple du monarque ne put manquer d'avoir une grande influence.

En effet, l'affermissement du pouvoir royal et le rétablissement de l'ordre favorisèrent le progrès agricole, et le XVIe siècle vit naître le grand roi Henri IV, le père de l'agriculture et le type idéal de Charlemagne. Aidé de son habile ministre Sully, qui mettait en pratique chaque jour sa belle devise : « Pâturage et labourage sont les deux mamelles de l'Etat, » la France trouva alors dans la culture de son sol une mine inépuisable.

Aussi, l'agriculture devint-elle bientôt des plus florissantes et des plus prospères, au point que le roi permit l'exportation des grains, qui jusque-là était sévèrement défendue. Non-seulement Henri IV protégea l'agriculture, les sciences et les arts, mais encore, pour réparer les désastres des malheureuses guerres civiles et religieuses qui ont marqué les règnes de ses prédécesseurs et le commencement du sien, il fit licencier son armée. Dans une de ses déclarations, il disait : « Nous voyons nos sujets réduits et proches de tomber en une imminente ruine, par la cessation des labours, presque générale en notre royaume. » Aussi s'empressa-t-il d'exonérer les populations des campagnes d'impôts considérables, vingt millions d'arriéré sur la taille, et défendit d'emprisonner les contribuables et de saisir leurs meubles, leurs bestiaux et leurs instruments aratoires pour cause de non paiement d'impôt; il autorisa en outre les communes à racheter leurs propriétés aux prix vendus pendant les troubles. Bien qu'il fît réduire les tailles et les gabelles, Henri IV, par une sage économie, acquitta toutes les dettes de l'Etat, qui s'élevaient au chiffre, fabuleux pour l'époque, de neuf cent millions, et racheta pour cinquante millions de domaines aliénés.

Souvent, il répétait ce désir de toute sa vie, qui montre combien il reconnaissait que le premier des intérêts de la France était dans la protection de l'agriculture : « *Si Dieu me prête vie, je veux que le plus pauvre paysan de mon royaume mette, au moins le dimanche, la poule au pot.* » Nul règne ne fut mieux rempli. Partout, à cette époque d'heureuse mémoire, et qu'il ne faut pas désespérer de voir revenir, un grand mouvement agricole se manifesta chez tous les peuples de l'Europe : Caton, Columelle, Varron, Palladius sont reproduits dans toutes les langues.

Ces grands maîtres de l'agriculture romaine, qui étaient très-avancés, trouvèrent des imitateurs. La France ne resta point en arrière. Elle vit naître en 1510 le célèbre Bernard Palissy, chimiste, physicien et agronome, qui publia un ouvrage intitulé : *Recette véritable par laquelle tous les hommes de la France peuvent apprendre à multiplier et à augmenter leurs richesses.*

En 1539 apparut un patriarche de l'agriculture, qui mit à profit les libertés agricoles qu'avait décrétées le bon roi Henri, pour publier, en 1609 un livre des plus intéressants, une véritable encyclopédie agricole encore très-recherchée aujourd'hui. Je veux parler d'Olivier de Serres et de son *Théâtre de l'Agriculture.* Ces deux importants ouvrages réagirent beaucoup contre l'absentéisme des grands propriétaires agricoles, signalé par le célèbre voyageur anglais Arthur Yung, qui, dans la relation de son voyage en France, s'exprimait ainsi : « *Toutes les fois que vous rencontrez les terres d'un grand seigneur, même quand il possède des millions, vous êtes sûr de les trouver en friche.* »

Si l'agriculture romaine a été en décadence, elle eut aussi ses beaux jours. Les lois agraires de ce grand peuple punissaient du supplice de la croix ceux qui coupaient ou enlevaient les récoltes.

Les tribus de la campagne étaient estimées ; celles de la ville, composées de gens oisifs, étaient méprisées, et le *déshonneur accompagnait l'habitant des champs qui émigrait vers les villes.* Le laboureur tenait le premier rang après la noblesse. Au comble de sa prospérité et de son abondance, la république romaine, sous Marius Murcius, a vu le boisseau de blé à un as ou un sou pendant treize marchés consécutifs. Le savant abbé Rozier rapporte (1) qu'il en fut de

(1) Dans son Cours d'agriculture publié en 1780.

même sous l'administration de Spurius Murcius, et que le blé fut encore au même prix lorsque Lucius Metellus revint triomphant à Rome.

Henri IV paraît s'être inspiré de la prédilection des Romains pour l'agriculture. C'est sous le règne de ce monarque que Nicot importa le tabac et Parmentier la pomme de terre. C'est aussi à cette époque mémorable que la betterave et le houblon firent leur apparition sur notre sol. Les cultures fourragères du trèfle et du sainfoin se propagèrent également très-vite. Enfin l'agriculture française reçut une nouvelle impulsion, sous Louis XIV et Louis XVI, par la création des routes et des canaux. Ce dernier fut aidé par son vaillant ministre Turgot, qui fonda une école d'économistes distingués, et s'efforça d'imiter ses prédécesseurs Colbert et Louvois, ministres de Louis XIV. Malheureusement, plus tard, l'exemple de la décadence des Romains se propagea plus vite que le progrès. Columelle, dans ses ouvrages, rapporte des faits que l'on pourrait appliquer à la France.

« *L'agriculture*, disait-il, *était alors considérée comme un vil métier et de nature à n'avoir besoin d'aucun enseignement pour être apprise. Quant à moi, quand je considère cet art dans le grand, et que je l'envisage formant un corps d'étude d'une vaste étendue, et ensuite descendant dans toutes les parties qui composent la totalité, je crains de voir la fin de mes jours avant d'en avoir la connaissance entière.* »

De nos jours, ajoute son commentateur cité plus haut, ces paroles peuvent parfaitement s'appliquer à l'agriculture actuelle. Les uns pensent que l'agriculture ne suppose aucune étude préliminaire; les autres conviennent de la nécessité d'apprendre, de réunir la théorie à la pratique; mais ils ne prennent pas la peine d'étudier; d'autres encore, véritables routiniers, cultivent sans réflexion, taillent les vignes, les arbres sans principe; d'autres, enfin, découragés par les lois contraires à la production première, quittent la campagne, éblouis et attirés par les bénéfices exorbitants de l'industrie et du commerce, vont se fixer dans les villes, laissant pour les travaux impérieux du sol des invalides du travail, et peuplent les cités et les bourgades au détriment de l'équilibre général et de la morale publique.

N'est-ce point exactement ce qui existe encore aujourd'hui? N'est-ce point le fidèle tableau des misères de notre agriculture contemporaine, peint à un siècle de distance.

De ce qui précède, il résulte, il est démontré que l'agriculture est la bienfaitrice de l'humanité, quoique l'on voie chaque jour des esprits supérieurs montrer pour la nourricière du genre humain un profond dédain, tempéré seulement par les sentiments de compassion que leur inspirent 27 millions d'agriculteurs.

Pour que l'agriculture soit tout-à-fait régénératrice, il faut qu'elle réoccupe le rang qui lui est dû par la nature même de sa constitution; il faut solliciter des réformes indispensables, et afin de réparer des abus la rendre de nouveau prospère. C'est ce que je vais essayer de démontrer encore dans la seconde partie de ce travail, en m'appuyant sur des autorités des plus compétentes en matière d'économie agricole et sociale.

« C'est par l'agriculture et les agriculteurs, disait un agronome émérite (1), que notre France, récemment vaincue, momentanément abaissée, partiellement démembrée, se relèvera un jour grande, forte et bientôt glorieuse ! »

« Oui, s'écrie aussi M. Leroy dans son enseignement agricole, l'agriculture peut seule rendre à la France sa force, son indépendance et ses revenus. »

Le territoire français étant spécialement un territoire agricole, c'est en effet par l'agriculture que la France doit retrouver sa splendeur. C'est du sein de la terre arable que

(1) Victor Châtel.

doit renaître la richesse publique, et c'est du sein des familles agricoles que doivent sortir les jeunes hommes robustes et disciplinés qui seront un jour le soutien de l'honneur national !!! L'agriculture, malgré son délaissement, son abandon, est la première force de notre pays, la seule que l'on ait toujours négligé, celle dont il y a le plus d'urgence à s'occuper.

Pour soulever le monde, Archimède ne demandait qu'un point d'appui, on l'a dans l'agriculture basée sur une bonne instruction, cet autre puissant levier. Il faut qu'elle soit organisée de telle sorte qu'elle s'adresse aux enfants de l'école primaire ; qu'elle forme l'ouvrier à la pratique manuelle la plus rationnelle ; qu'elle prépare le jeune homme à l'agriculture professionnelle et à la pratique du cultivateur, et que, par les expériences les plus sérieuses des améliorations réalisées, elle forme des agronomes, et qu'elle permette enfin aux hommes faits d'acquérir des notions saines sur le véritable progrès.

Il faut donc s'efforcer de faire aujourd'hui d'intelligents et habiles ruraux des enfants des cultivateurs, et, par cette double instruction agricole, qui sera pour eux une source sinon de richesse, au moins d'aisance et de bien-être, les attacher aux foyers et aux champs paternels.

Voilà le programme ; il s'étend de la base au sommet, couvre toute la population pour féconder toutes les intelligences et fortifier les esprits dans une bonne direction.

Chacun sait qu'en présence du fléau de la dépopulation et de l'émigration vers les villes, une des plus tristes conséquences, c'est la dégénérescence physique et morale de l'homme, constatée chaque année par les conseils de révision, malgré maints abaissements du minimum de la taille.

Il est de toute nécessité de réagir contre ces effets désastreux, ces causes d'affaiblissement de l'espèce humaine, en revenant aux travaux ruraux et aux mœurs d'autrefois. On n'y arrivera que par une bonne instruction primaire et par une éducation agricole solide, ainsi que je l'ai dit plus haut. Mais il ne faut point oublier cette parole sage d'un vaillant pionnier de la réforme agricole, M. Curzon : « La science est une force ; elle peut produire le bien ou le mal, suivant la direction qu'on lui donne. »

« Le vice de notre enseignement primaire, disait-il encore avec beaucoup de sagesse, est de pousser l'esprit des enfants vers des aspirations ambitieuses, indéfinies, et de leur faire perdre ainsi la satisfaction de leur condition présente.

» L'enfant voit le copiste, le commis, le domestique de ville, mieux vêtu, mieux nourri que le cultivateur et suant infiniment moins. Plus tard, tout ce qu'il lit, tout ce qu'il voit des villes, les positions les plus lucratives, les fortunes fabuleuses du commerce et de l'industrie le dégoûte de la vie rurale ; il ne rêve plus que l'ambition d'un autre état, il quitte alors le toit paternel. »

Ah ! notre décadence morale nous fait marcher à grands pas vers le *panem et circenses* des Romains.

Heureusement, dirons-nous avec tous nos économistes contemporains, que les campagnes contrebalancent encore la dégénérescence de nos mœurs.

L'agriculture, a dit depuis bien longtemps Cicéron, n'est pas seulement une profession libérale nécessaire, elle est de plus une institution sociale ; c'est une pépinière d'hommes robustes, sensés, dévoués à la patrie, à la paix, au bon ordre, à la liberté.

Que l'on n'oublie point que l'homme qui ne sait plus tenir la charrue laissera bien vite tomber l'épée.

Ne sont-ce point aussi nos campagnes qui fournissent ces nombreux missionnaires, portant au loin la civilisation par la foi, même chez les sauvages ? N'est-ce point aussi parmi nos populations rurales que se recrute le plus grand nombre des maîtres qui ont la belle mission d'instruire l'enfance ?

C'est des campagnes encore que, chaque année, l'on voit sortir ces nombreuses légions de filles de charité, sacrifiant leur avenir et leur vie pour secourir les malades dans les hôpitaux et les blessés sur les champs de bataille ! de concert avec les religieux, et qui font l'admiration du monde entier. De là, cette juste devise : *ense, cruce et aratro* ; c'est par *la croix*, *l'épée et la charrue* que l'on vaincra, que la France se régénérera.

Revenons à la vie rurale, que la sagesse éternelle nous défend de prendre en dégoût, car c'est une école d'économie, d'activité et de justice (1). « Qui sait aimer les champs, sait aimer la vertu (2). » Fuyons les villes, où se crée le luxe. Le luxe produit la cupidité, la cupidité fait naître l'audace. De là, toute espèce de crimes qui ne peuvent prendre origine dans les habitudes sobres et laborieuses de la vie agricole.

« *Améliorer l'agriculture, c'est une gloire qui vaut toutes les autres*, disait un jour le vaillant maréchal Bugeaud. » « *Protégeons les arts utiles, souffrons les arts agréables, rançonnons les arts frivoles et proscrivons les arts dangereux* ; » belles paroles d'un grand roi (3), que l'on devrait mettre en pratique aujourd'hui plus que jamais !

« Nos neveux s'étonneront un jour que, dans un pays comme la France, où tout vit de la terre, on n'ait pas commencé à enseigner aux enfants, après les remerciements au Créateur, l'art de la culture et d'y vivre heureux (4). »

Partout on se plaint qu'aux cinq millions d'élèves qui fréquentent nos écoles, dont trois millions et demi appar-

(1) Cicéron.

(2) L'agriculteur trouve en germe dans ses travaux toutes les qualités qui font l'homme fort et le bon citoyen : le courage, l'abnégation, la persévérance, le dévouement à la patrie et l'indépendance. — Delille.

(3) Stanislas, roi de Pologne.

(4) Blanqui.

tiennent à des familles de cultivateurs, on n'inculque point les premières connaissances indispensables à leurs travaux et au goût de leur profession, soit par des lectures attrayantes de la vie des champs, soit par l'arithmétique, en donnant des calculs ou des éléments de comptabilité basés sur les travaux, les produits des champs et les économies du ménage.

Actuellement, la vie rurale, en France, est dans un moment de transition décisif et critique, dont le bénéfice ne se recueillera que par ceux qui auront compris d'avance l'activité imprimée aux campagnes par les chemins de fer, par les moyens de communication et par les vastes entreprises de crédit qui pénètrent partout et mettent les deux extrémités du monde en relations directes ! Combien de cultivateurs ignorent aujourd'hui pourquoi le blé se vend moins cher qu'autrefois ? Combien savent pourquoi les laines mérinos sont moins recherchées ? La raison en est dans l'abus des mauvaises lectures, et partant dans l'ignorance des choses les plus nécessaires de la condition première de la vie humaine. Si, au lieu de lire des romans pernicieux, des publications immorales, pénétrant aujourd'hui jusqu'au fond de nos plus modestes chaumières et contribuant dans une grande proportion à notre dégénérescence physique et morale, l'habitant des campagnes s'adonnait à des lectures saines, utiles, si le cultivateur se procurait des livres, des journaux agricoles (1), développant ses idées, fortifiant son bon sens naturel et formant son jugement, tous ses intérêts n'auraient qu'à y gagner.

En bon père de famille, il éduquerait ainsi ses enfants dans le vrai, le bien, le beau, il anéantirait l'esprit de révolte, cette grave plaie de notre époque, ce fléau intérieur que l'on doit combattre journellement par les paroles et surtout par des exemples; il ferait enfin germer et revivre

(1) Comme la *Gazette des Campagnes*.

de nouveau le respect, l'amitié des inférieurs envers les supérieurs, et l'union, la charité dans les familles et la société. Puis encore, le public rural apprendrait bien vite à se protéger contre les piéges tendus à sa bourse par les aventuriers de la finance, à ses mœurs et à sa foi par les braconniers de la fausse science et du faux progrès; car tous les genres d'embûches sont tendus à chaque étape de sa route, et cela, sous les formes les plus diverses.

Mais, qu'on le sache bien, l'instruction, comme l'éducation, pour être civilisatrice, doit reposer sur les bases les plus solides, celles qui sont fondées sur la morale et la religion. M. le vicomte de Tocqueville, qui s'est sacrifié pour la régénération sociale, et qui a tant fait dans son département, ne craignait point de dire publiquement dans son rapport au Conseil général de l'Oise : « Quant à moi, dussé-je passer pour un esprit étroit et rétrograde, quel que soit mon respect, ma haute estime pour la science, depuis ses éléments jusqu'aux sphères les plus élevées, je déclare hautement, ici et partout, que je préfère mille fois la vertu illettrée à la corruption savante ! ! ! Quel est celui d'entre nous qui ne confierait pas avec plus de sécurité sa fortune et son honneur à un honnête homme peu instruit, mais craignant Dieu, plutôt qu'à un insulteur diplômé de la divinité ? Eh bien, les générations que nous sommes appelés à élever, et qui nous succéderont, n'auront-elles point dans leurs mains la fortune et l'honneur de la France ? Faisons de nos fils de solides chrétiens, et nous serons sûrs d'en faire de bons citoyens et de bons Français ! Relevons donc les croyances, les mœurs par une éducation virile et chrétienne ; là, mais là seulement, est le salut ! »

Il est bien avéré que l'instruction et l'éducation véritablement agricoles font défaut en France. A plus forte raison doit-on désirer une meilleure direction chez les jeunes filles, principalement celles de la campagne, appelées à devenir de bonnes fermières et d'excellentes ménagères, et à mettre un frein à leur émigration vers les villes. De leur côté, les jeunes gens ne trouvant plus de compagnes de leurs travaux, suivent cet exemple funeste de la désertion en masse des bras, des intelligences de nos campagnes, où le vide se fait de plus en plus sentir.

Un honorable prêtre de la Meuse, M. Peschard, s'est dévoué pour réagir contre cette cause de dépopulation des campagnes, en créant un *pensionnat rural* pour les jeunes filles, à Saint-Hilaire-en-Wœvre. Là, les enseignements primaire, secondaire et supérieur sont basés sur l'agriculture. Depuis trente ans, époque de sa fondation, cet établissement modèle est devenu de plus en plus prospère; il serait à désirer que cette utile création se généralisât, et que le digne abbé Peschard eût de nombreux imitateurs. Trois hectares de terre, tenant à la maison, servent à faire les cours pratiques. Tous les travaux d'intérieur et d'extérieur de ferme y sont habilement enseignés, y compris le jardinage et l'arboriculture. En somme, son heureux fondateur a réussi à faire aimer les champs, à donner aux campagnes d'excellentes maîtresses et de bonnes fermières.

Dans la Gironde, un pensionnat de ce genre existe depuis quelque temps; il a été créé sous le patronage de l'éminent cardinal de Bordeaux.

D'autres ecclésiastiques, MM. l'abbé Mondain, dans le département de Maine et-Loire, et l'abbé Molard, dans la Haute-Marne, ont fondé des orphelinats agricoles de jeunes filles, qui sont de véritables pensions, quoique de fondation récente. Dans cette dernière, à Villegusien, on compte actuellement plus de 150 bêtes à cornes et 6 chevaux.

Ah ! c'est que l'on sent aujourd'hui plus que jamais que la vie rurale contient tous les éléments de la science sociale, politique et économique

En France, c'est le département de l'Oise qui est le plus avancé, sous le rapport de l'instruction agricole principalement. Il possède, entre autres, le magnifique institut de Beauvais, où l'agriculture théorique et surtout pratique reçoit les développements les plus profonds. Une ferme y est annexée. Les cours secondaires y sont professés avec la science la plus avancée, le tout, sous la direction des Frères, dont le dévouement est sans borne et l'esprit de sacrifice illimité. Sous leurs inspirations, de nombreux instituteurs ayant fait là leurs études, donnent à leur tour, à leurs jeunes élèves, les premières notions d'agriculture.

C'est à l'institut agricole de Beauvais, que le savant conférencier, M. L. Gossin, fait les cours agricoles. Ses nombreux ouvrages d'agriculture classique font de plus en plus merveille dans nos écoles de campagne.

Après l'Oise, je suis heureux de le signaler, c'est notre département qui vient en second lieu ; oui, c'est dans la Marne, où l'instruction va progressant chaque jour, que se rencontre le plus d'émulation, et où l'agriculture marche à grands pas, où les inventions nouvelles de la science et de l'industrie agricole sont immédiatement mises en pratique (1). Pour ne citer qu'un exemple, combien de sucreries, que l'on ne connaissait que de nom il y a peu d'années, ne compte-t-on pas dans la Marne ? A qui doit-on l'initiative du progrès agricole ? Qui donc a donné l'élan, l'impulsion, qui a changé la face de l'agriculture de la Champagne en contribuant à augmenter ses revenus ? On l'a déjà deviné : c'est le très-honorable M. Ponsard, le digne président du Comice départemental qui, par ses paroles, ses écrits, ses exemples et ses nombreux sacrifices, travaille journellement au bien-être du cultivateur, au grand intérêt de l'agriculture, et partant, à *la régénération de la France ! ! !*

Nul doute que notre département n'égale bientôt celui de l'Oise. A Reims, ne trouvons-nous point aussi un pension-

(1) C'est le département où l'on compte le plus de machines agricoles.

nat dirigé, comme à Beauvais, par des Frères. Fondé, il y une vingtaine d'années, ce magnifique établissement compte actuellement près de 600 élèves. L'enseignement rural y est très-suivi, et prépare les jeunes gens à des cours supérieurs où ils brillent tous. Combien de chefs de maisons de commerce viennent demander là des comptables et des caissiers, avant même que leurs études soient terminées, certains qu'ils sont de trouver chez eux la *confiance* que l'instruction et surtout l'éducation religieuse peuvent seules inspirer.

A Châlons, à l'Ecole normale, un cours d'agriculture, ou plutôt d'arboriculture pratique et de jardinage, est établi depuis quelques années, afin de former une pépinière de jeunes instituteurs qui inculqueront à leur tour les premiers éléments d'agriculture à leurs élèves.

Récemment, sur la demande du Conseil général, une chaire d'agriculture vient d'être créée dans cette école. Le titulaire (1) fera en temps convenable des conférences agricoles dans les campagnes. Heureuse idée, due encore à l'intelligente initiative de M. Ponsard, l'un de ses membres les plus actifs.

Après nos désastres, les concours, les exhibitions agricoles, montrent suffisamment que notre département se réveille et tient tête aux contrées les plus riches et les plus avancées.

L'agriculture de la Marne ne sera jamais assez reconnaissante à son bienfaiteur, si ce n'est en *suivant ses exemples !*

Il est regrettable que la ferme-école d'Etoges n'ait pu survivre dans un département si essentiellement agricole. Un orphelinat agricole est aussi en voie de se fonder aux portes de Châlons-sur-Marne. La commune de Lépine possède également un de ces curés dévoués, qui non seulement a construit le presbytère à ses frais, mais encore, de concert avec le Conseil général, qui lui prête chaque année son

(1) M. G. de Kirgener,

concours en votant une subvention, recueille de malheureux orphelins afin de les initier plus tard aux travaux champêtres dans un local qui lui appartient.

Ce réveil de l'esprit de sacrifice est d'un bon augure pour l'avenir de notre beau pays. Si nous voulons nous relever, donnons-nous la main et serrons-nous les uns contre les autres. Mettons de côté nos haines et nos divisions, nos injures qui n'aboutiraient bien certainement qu'à la honte et à la ruine. « Le travail est pour tout individu le meilleur préservatif contre les suggestions mauvaises, contre les doctrines pernicieuses et perverses qui conduisent à l'anarchie (1). » Que les ruraux en soient convaincus, le sort de la France est dans leurs mains : elle se relèvera glorieusement de l'abîme, ou elle roulera dans un abîme plus profond encore.

Les crises agricoles tiennent surtout à la rareté des travailleurs de la terre, dont un grand nombre se sont jetés vers l'industrie et le commerce, où les bénéfices incroyables ont permis l'augmentation des salaires; de là, une concurrence pour l'agriculture impossible à soutenir. De leur côté, les fils des cultivateurs ont déserté le toit paternel et dépensé l'épargne de la famille loin des champs que cette épargne devait féconder.

La séduction des villes a attiré nos générations actuelles, elles ont déserté la chaumière pour l'atelier !

Qu'ils le disent franchement, ces jeunes gens qui ont fui avec tant d'empressement le foyer domestique pour n'être pas ruraux ! Qu'ont-ils trouvé dans l'atelier ? si ce n'est l'ignorance grossière, la propagande anti-religieuse et sociale, le vice hideux, l'immoralité dégoûtante, la dégradation physique et morale et l'affaissement de l'intelligence ! C'est-là, plongés dans une atmosphère fétide, qu'ils ont vécu, et, pendant les sanglantes journées qui ont plongé la Patrie dans le deuil, que sont-ils devenus ? Les uns ont grossi les bandes

(1) L. de Lavergne.

de l'anarchie, les autres se sont rangés sous le drapeau de l'ordre, et une lutte sauvage a commencé, lutte fratricide, dans laquelle des amis, des frères se sont battus les uns contre les autres et se sont entretués (1).

Une des causes encore de l'affaissement de l'agriculture, c'est la dépopulation. On s'occupe beaucoup, dans certains corps savants, nous dit le docteur Brochard, de la marche décroissante de la population, et on n'est que trop fondé à la signaler comme un péril pour notre avenir national. Lorsque l'on constate que tous les peuples voisins suivent une marche opposée, et que l'Allemagne, notre redoutable rivale, double sa population en 60 ans, la conséquence que l'on doit en tirer, c'est que dans vingt ans, l'Allemagne pourrait jeter sur la France quinze cent mille hommes, auxquels nous ne pourrions opposer que le tiers de ce nombre.

Maintenant, la cause de la dépopulation réside dans la diminution des naissances, due à l'amour du luxe et du bien-être matériel, qui font que le père redoute de voir sa fortune partagée entre plusieurs enfants, à la loi militaire qui retarde les mariages, à l'abus de l'alcool et à la débauche. Ayons donc le courage de réformer nos mœurs, mettons-nous résolument à l'œuvre, abandonnons cette vie oisive de café, de brasserie et de cabaret, renonçons à ces lectures, à ces spectacles immoraux qui semblent être aujourd'hui la principale occupation de la jeunesse française.

Le cabaret est l'ennemi le plus dangereux des mœurs rurales : il tue l'âme et le corps, il fait oublier la famille et engloutit le fruit du travail. (L. Peret.)

La statistique vient d'en compter le nombre vraiment effrayant, car la multiplication des cabarets s'est accrue d'une manière considérable depuis 40 ans.

(1) L. Péret.

Nos moralistes sont effrayés d'un tel accroissement, et l'on peut mesurer leurs regrettables et leurs funestes effets ou influences, en raison de la fréquentation de plus en plus active de ces lieux, dont la raison d'être a été complètement détournée de leur utilité première.

Cette question est grosse au point de vue social; ceux qui voudront l'approfondir, ceux qui voudront l'élucider, seront comptés pour les hommes les plus utiles de ce temps-ci.

Dans sa pétition contre l'ivrognerie, M. Falconnet disait avec raison que la vie de famille perdait en moralité, en régularité, en épargne, tout ce que gagnait la vie de cabaret. Demandez-le à la mère de famille, ajoutait-il, la vraie gardienne du ménage agricole; elle vous répondra : que les économies quittent la maison et disparaissent, et qu'au lieu du repos fortifiant du dimanche, son mari n'a plus que l'énervement d'une journée passée en débauche, débauche qui conduit à la folie. Laissons parler la statistique, dont les chiffres en diront plus que la parole :

La France	compte	1	aliéné par	410	habitants.
L'Angleterre	—	1	—	432	—
La Suède :	—	1	—	512	—
Les Etats-Unis :	—	1	—	700	—
La Belgique :	—	1	—	714	—

Quel triste rang nous occupons ! Encore un chiffre effrayant : les aliénés, qui étaient en France, pour cause alcoolique, de 8 0/0 en 1844, se sont élevés à 29 0/0.

Pendant qu'à Londres les suicides se chiffraient dans la proportion de 1 sur 175, Paris comptait 1 sur 172.

Les derniers rapports de justice criminelle constatent aussi une augmentation de décès causés par les boissons alcooliques. Ils signalent également que le nombre des abrutis, des insensés va toujours en progressant sans cesse dans la même proportion que les clubs et les organes des passions démagogiques.

Comme palliatif, il faudrait centupler le prix vénal des

breuvages dangereux pour la santé et pour la société. En France, les droits sur l'alcool ne sont que de 150 fr., tandis que l'Angleterre paie 350 fr., les Etats-Unis, 375 fr., et la Russie, 750 fr.

Les tristes tableaux qui précèdent en disent assez, et leurs chiffres sont assez éloquents pour qu'il importe d'y remédier de la manière la plus énergique : la loi sur l'ivrognerie est insuffisante.

Je suis bien loin de penser que les hommes n'aient point besoin de se réunir, surtout après les durs labeurs de la semaine ; d'autre part, je ne suis point partisan de la suppression des cabarets (bien qu'ils soient trop nombreux.) L'idée primitive de ces établissements est aujourd'hui méconnue, car l'intention première de leur création c'était l'hôtellerie, plus tard appelée auberge, destinée au logement et aux besoins des voyageurs. C'est à l'abus que l'on en a fait que nous devons d'être descendus si bas.

Je partage pleinement l'opinion de l'éminent moraliste que je me plais à citer souvent (1).

L'idée juste, pratique, moralisatrice et civilisatrice serait d'organiser, dans chaque commune rurale, de modestes cercles, des lieux de rendez-vous où les citoyens honnêtes trouveraient le dimanche la société de leurs compatriotes avec tout ce qu'il faut pour passer quelques heures agréables, soit à des jeux, des récréations honnêtes, soit à parler de leurs affaires, soit encore à lire quelques bons journaux ou ouvrages agricoles. Pourquoi ne s'entendrait-on point avec un fournisseur pour se procurer quelques rafraîchissements dont on n'abuserait point. Un règlement, strictement suivi, maintiendrait tous les membres dans la limite de la modération et de la décence. Les plus instruits parleraient des affaires du temps, des questions agricoles, populariseraient les bonnes méthodes ; d'autres feraient

(1) M. L. Hervé.

connaître le résultat de leurs expériences de chaque jour ; d'autres encore raconteraient ce qu'ils ont puisé dans leurs livres, leurs journaux, leurs voyages.

Croit-on que si les jeunes gens de chaque village avaient un lieu convenable de délassement approprié à leur âge et à leur condition, ils ne fuiraient pas bien vite le vice et la débauche.

Un remède préventif n'est-il pas mille fois préférable à tous les réactifs, correctifs ou coercitifs? Quelques-uns de ces cercles existent déjà, et l'on peut se rendre compte du bien qu'ils ont opéré. Les réunions y sont très-suivies, et l'on remarque parmi les membres les sentiments d'estime réciproque et le désir d'acquérir quelques lumières, quelques notions saines et justes sur le bien, le beau, l'utile et sur mille choses qu'il importe de connaître (1).

C'est dans le département de l'Ain, à Saint-Denis, près de Bourg, que s'est fondé le premier cercle agricole. Un intelligent instituteur, aidé de son curé et de quelques notables de l'endroit, a fondé un établissement de ce genre, qui est en pleine prospérité.

Dans le Calvados, une société analogue vient d'être créée, dont le but sera aussi de développer dans la jeunesse le goût des exercices qui donnent aux membres la vigueur, l'agilité, la souplesse. *Mens sana in corpore sano*, telle est sa devise. Instruire en se divertissant et propager les exercices du corps, telle est, au point de vue de la santé, des mœurs et de la bourse, le but que poursuit le cercle de Balleray, qui devrait trouver de nombreux imitateurs.

L'éducation et les mœurs des villes produisent peu de gens aptes à l'agriculture.

En dehors du *great attraction*, il y a encore une autre cause de l'émigration vers les villes, que je ne puis passer sous silence, et contre laquelle il n'importe pas moins de

(1 *Gazette des campagnes.*

réagir ; c'est la classe innombrable de ceux qui sollicitent des places dans l'administration civile. Dès 1854, un honorable agriculteur de Metz, M. A. Jaunez, disait : que l'administration était déjà dans l'impossibilité de satisfaire la centième partie des requêtes adressées à ce sujet.

Une place d'inspecteur de quoi que ce soit, fût-ce une place à 3 ou 400 francs d'appointements, lorsqu'elle vient à être vacante, est disputée par des solliciteurs. Il y a certainement là matière à réflexion, il ne faut qu'ouvrir les yeux pour apercevoir la cause de cet état de choses. Les hommes, à moins d'une vocation particulière, cherchent toujours de préférence à s'adonner à la carrière qui leur présentera le plus d'avantages, et où ils espèrent vivre avec le moins de peines et de risques possible. Qu'il grêle, qu'il pleuve, qu'il y ait une tempête qui casse les arbres et détruise les récoltes, celui qui a une place du gouvernement est certain de toucher ses appointements à la fin du mois, tandis que celui qui fait une mauvaise récolte, est assuré qu'à la fin du mois il faudra payer le percepteur.

Que l'on s'occupe donc un peu plus de nos campagnes.

Le progrès industriel a beaucoup devancé le progrès agricole. Ces deux progrès auraient dû marcher de front ; aussi, en est il résulté l'absence ou la perte d'équilibre dont j'ai déjà parlé. Dans ses conférences, M. Gossin a parfaitement résumé la situation actuelle. La science appliquée aux machines, la vapeur, disait-il, la vapeur est devenue le géant Briarée capable, avec ses cent bras, de tout oser, de tout entreprendre. Sur terre et sur eau, voyageurs et marchandises, ce géant les entraîne aussi vite que la flèche ! Que d'ingénieuses et nouvelles combinaisons mécaniques, depuis le métier Jacquart jusqu'à la machine à filer le lin ! Que de procédés chimiques nos pères ne soupçonnaient pas ! En quelques instants, le fil électrique, avec la vitesse de la pensée, porte jusqu'au bout du monde notre parole écrite ! Rien n'étonne plus l'audace humaine ! Les vaisseaux traversent le désert de Suez, et les locomotives s'enfonçent à toute vapeur sous le mont Cenis !!

L'agriculture a tiré de ce mouvement de grands avantages, car le débouché des produits du sol s'est étendu, le travail de la terre a été facilité par d'admirables inventions ; enfin, la science chimique a créé, par rapport aux engrais, tout un art que nos ancêtres ne soupçonnaient point.

Une des causes principales d'affaiblissement de la France, c'est le déplacement de sa force productive : l'agriculture est reléguée au troisième rang, tandis qu'elle devrait occuper la première place. Qu'est-ce que l'industrie française depuis une vingtaine d'années ? Tout ! car elle a la force que donne l'union, la puissance que donnent l'argent et le crédit, et la prépondérance que donne l'occupation de toutes les avenues qui aboutissent au pouvoir !

Qu'est-ce que l'agriculture chez nous aujourd'hui ? Rien, parce qu'elle n'est point unie, groupée, mais isolée, tenue en tutelle et toujours sacrifiée.

Pour lui faire reprendre sa place, ai-je déjà dit, il faut nous réveiller, nous instruire et nous organiser ; c'est de cette organisation qu'il me reste à parler.

Notre isolement a pour cause la multiplicité des voies de communication et les doctrines mal appliquées du libre-échange, qui est une véritable calamité pour le cultivateur. La situation faite à l'agriculture, en France, a toujours été exceptionnellement fâcheuse. Seule, parmi les branches de la richesse publique, elle a vu son engin de production, la terre, frappée de lourds impôts, et malgré cette injustice qui devait la préserver de toute nouvelle atteinte, seule encore, elle a eu à subir l'application des absurdes doctrines du libre-échange.

Dans l'industrie manufacturière, l'homme, qui était autrefois le principal, l'unique moteur, est remplacé presque partout par la vapeur. Au moteur animé on a substitué le moteur physique. L'homme sert encore utilement, mais pour diriger la force et non pour la fournir.

Notre véritable, notre grand moteur à nous, c'est la terre, a si justement démontré un économiste distingué (1), dans un style élégant, marqué au coin du bon sens, chose rare à notre époque. « La terre, dit-il, c'est la force vitale, la puissance générique qui créée et maintient les êtres animés. » Nous sommes sous ce rapport dans la position du marin, lui aussi est impuissant à faire naître ou à renforcer, mais ce qu'il peut et ce qu'il fait, c'est perfectionner le récepteur du vent, la voilure. Voilà ce que nous devons faire également.

Notre grand récepteur à nous, c'est la terre, vers laquelle convergent toutes les forces naturelles appliquées à la végétation, et qui résume en elle les deux autres facteurs : le climat et l'eau.

Améliorer, transformer ce récepteur, c'est le seul, en même temps l'infaillible moyen de doubler, tripler, quadrupler même la puissance du grand moteur agricole.

La voie du salut pour l'agriculture se résume donc : en accroissement de production agricole par toutes sortes d'améliorations foncières, et dans l'emploi d'instruments perfectionnés, guidé par une bonne instruction et des capitaux suffisants.

Si, pendant la guerre de désastreuse mémoire, nos revers ont pu être attribués à la négligence ou à l'impéritie, on peut en dire autant de notre incapacité économique.

La cause de nos égarements et de nos erreurs en économie sociale, vient de ce qu'au lieu de fonder notre science des affaires sur les conditions naturelles de la vie rurale, nous prenons pour guides des maîtres qui la basent sur les conditions exceptionnelles et factices de la vie parisienne ou des

(1) M. Moll.

grandes villes. L'école du faux et du dupe-échange, ainsi que l'a si justement appelé M. L. Hervé, a bâti sa théorie sur un peuple idéal, qui ne vivrait que de commerce et d'industrie et au milieu duquel l'agriculteur et le monde agricole ne seraient qu'un appoint à la population et à la production. Aussi, les conséquences du libre-échange deviennent de plus en plus onéreuses en présence de l'écrasante concurrence étrangère, qui doit même prochainement nous inonder de viandes fraîches, conservées par des procédés chimiques pour de longs transports. Importation nouvelle, qui découragera entièrement les éleveurs et notre production en viande, vers laquelle on se tournait depuis quelque temps, afin d'amortir le coup principalement porté à nos laines.

Les deux tiers du sol français, on le sait, ne peuvent nourrir que des moutons, et, dans une grande partie, c'est même la seule rente que l'on puisse en tirer.

Le colossal développement des troupeaux australiens, depuis vingt ans, tient non seulement aux vastes pâturages de ces sols extrêmement fertiles, mais encore, nous dit aussi M. Moll, à l'entretien des moutons qui est insignifiant. Dans ces contrées, pas de construction ou d'entretien alimentaires, la tonte est à peu près la seule dépense, car le pâtre est payé en nature. Avec un cheval et quelques chiens, il peut garder jusqu'à *vingt mille têtes !*

L'entretien d'un mouton n'atteint pas un franc par an; chez nous, il est en moyenne de 12 francs, et pour les mérinos à laine fine, analogue aux laines de ces contrées lointaines, ce prix varie de 25 à 30 francs.

Un résumé des diverses statistiques nous apprend que le nombre des bêtes à laine est, *depuis vingt ans*, *doublé* au Cap, *triplé* à la Plata, *quadruplé* en Australie et *vingtuplé* à la Nouvelle-Zélande.

Voici un tableau très-instructif de l'augmentation du bétail en Australie et remontant seulement à 10 ou 12 ans ;

	ANNÉES.	ESPÈCE BOVINE	ESPÈCE OVINE.
Australie...	1863	3,754,133	38,866,000
	1864	5,123.458	45,596,270
	1874	5,750,000	50,000,000
Nelle Zélande	1867	312,885	8,418,580
	1873	494,113	11,094,865

La viande importée en Europe n'atteignait pas plus de 0f 20c le kilo. Ces chiffres, que l'on doit croire exacts, sont extraits du *Bulletin des Communes* (N° 15, année 1875).

De ce qui précède, il résulte évidemment que laisser s'introduire les produits étrangers à nos dépens, sans les taxer, c'est commettre une injustice flagrante, incroyable, inexplicable, si ce n'est pas l'erreur où sont tombés nos légistes, et contre laquelle, à la veille du renouvellement de ces traités désastreux, on doit protester de toutes ses forces afin d'éclairer nos économistes chargés de légiférer à nouveau.

Si ce régime continuait encore, dans peu d'années, vingt millions de cultivateurs seraient obligés d'abandonner la culture des céréales.

Dans ses travaux d'économie politique et sociale, le bien regrettable et regretté docteur Guyot nous fait connaître que l'abandon du produit des douanes cause au Trésor une *perte de* 200 *millions par an !* Et dire que nos gouvernants ne trouvent rien pour équilibrer le budget, dont le passif augmente chaque année.

Et, dit encore le savant docteur Guyot, nos douanes devraient rendre aux charges publiques 600 millions pour trois milliards d'importations, et 800 millions pour quatre milliards.

L'Angleterre, qui n'a que vingt-neuf millions d'habitants, tire 600 millions de ses douanes; les Etats-Unis, qui ne comptent que 31 millions d'habitants, leurs font rendre 900 millions.

De tels chiffres se passent de commentaires, et devraient désillusionner nos faux économistes, nos dupe-échangistes.

Opposons donc une digue à l'ignorance, et répétons une fois de plus que la régénération de la France doit être basée sur une instruction sagement donnée.

Au régime du libre-échange, le commerce et l'industrie ont fait des fortunes fabuleuses, tandis que l'agriculture périclitait. L'intérêt de la France, la justice, l'équité, demandent l'égalité devant l'impôt pour tous les produits, de quelque provenance qu'ils soient. Demandons à la douane des droits compensateurs frappant les produits étrangers de l'équivalent de ce que l'on fait payer à nos produits indigènes similaires. Ces droits rempliraient également nos caisses publiques, très-souvent vides !

Si l'on veut établir, ou plutôt, si l'on veut mettre en parallèle les branches de la richesse publique, que voit-on ? le commerce, l'industrie et la finance réaliser des bénéfices incroyables, se chiffrant par de nombreux millionnaires depuis vingt ans, accaparant les biens ruraux, non pour en tirer un intérêt, mais le plus souvent pour être convertis en plantations ou abandonnés comme chasse.

Partout, surtout dans les régions industrielles, les biens ruraux sont fortement dépréciés (1), les fermes sont affichées pendant de longs mois sans trouver preneur ; d'autre part, les ventes aux enchères témoignent de l'indifférence des acquéreurs, qui ne se présentent même plus pour acheter en détail ; mais le commerce, l'industrie, la finance passent et profitent de la situation malheureuse pour acquérir le tout. O libre-échange, voilà de tes coups ! ! ! tu as relégué l'agriculture au dernier rang ; tu as appelé à toi les bras valides, les capitaux et les intelligences, en faisant le vide dans nos campagnes, où il ne restera bientôt plus que des invalides du travail, incapables de diriger une machine quel-

(1) Dans une commune du département de la Marne, il a été vendu 35 *ares empouillés en seigle, avec la récolte entière* et dont *moitié de la parcelle était fumée*, pour 80 francs.

conque, qui n'aurait pas dû venir remplacer les bras, mais bien comme *auxiliaire* de l'homme, en adoucissant, en facilitant ses durs labeurs.

L'agriculture n'est ni comprise dans la grandeur et la suprématie de son rôle, ni admise à son rang, ni estimée à sa valeur réelle. Aujourd'hui, l'agriculture, l'agriculture le premier des arts, la première des sciences et de toutes les industries, et qui est à la fois science, art et industrie, est surmenée, foulée et exploitée par les citadins, les industriels, les commerçants et les financiers, en un mot, par toutes les classes de la société qui lui sont étrangères et qui se permettent de la gourmander, de l'imposer et de l'épuiser sans droits et sans vergogne, comme si au lieu d'être leur mère, elle était leur vassale. L'agriculture doit être la base de la pyramide sociale ou l'assise de toute société.

L'agriculture est le premier élément de la prospérité d'un pays, parce qu'elle repose sur des principes immuables qui font sa force.

En présence de l'armée de la révolution, qui a tous les éléments de la suprématie, les agriculteurs devraient s'entendre pour opposer l'armée de l'ordre, beaucoup plus nombreuse. Les hommes de désordre ne sont guère que deux millions en France, qui en veulent à la propriété, représentée par six millions de propriétaires. Actuellement les ouvriers, comme les commerçants, puisent leur force dans l'association ; ils sont tous unis, se cotisent, forment des syndicats ; ils ont leurs caisses, leur presse, leurs avocats, ils savent s'entendre, se soutenir, se secourir d'un bout de la terre à l'autre.

Quelle différence entre les mœurs d'aujourd'hui et celles d'il y a 40 ou 50 ans ! Maintenant, l'agriculteur s'abaisse devant l'industriel, qui lui dicte ses lois et ses fantaisies ; il s'applatit devant le commerçant et le supplie d'acheter ses produits. Autrefois, dit le regrettable docteur, que je suis heureux de citer encore (1), le propriétaire, plein de sa dignité et en véritable maître de ses produits, n'ouvrait ses greniers et ses granges qu'avec réserve et autorité ; alors, le commerce et l'industrie étaient justement subordonnés à la propriété.

Il en est de même à l'égard de l'ouvrier, qui comprenait que pour être propriétaire, il fallait avoir travaillé, épargné ; il demandait donc du travail à la propriété ; il l'accomplissait avec énergie, avec persévérance et avec conscience, et sa vie était dix fois plus heureuse qu'elle ne l'est aujourd'hui, car il avait un témoin et un juge respecté, et presque toujours équitable dans le propriétaire.

Il est donc de toute nécessité, propriétaires-agriculteurs, d'organiser la ligue de l'ordre contre le désordre, de créer, de former des associations pour combattre par de bonnes paroles et de bons exemples ce redoutable fléau cosmopolite. Ces associations devront être basées sur le respect des lois et des intérêts légitimes, se reliant aux comices et étendant leur ascendant moral sur les populations, rapprochant les bons citoyens par des liens moraux et matériels, et par une concorde franche et naturelle.

Il y a longtemps que les commerçants et les industriels ont compris le bienfait de l'association. Ils se sont unis, ils ont obtenu le droit de faire connaître leurs vœux et de défendre leurs intérêts par l'organe de chambres consultatives *nommées par eux*. Parle-t-on d'un impôt nouveau qui pourrait les atteindre en épargnant l'agriculture, aux premiers cris d'alarme, leurs délégués sont à Paris, ils remplissent les antichambres des ministres, et font tant et si bien qu'ils font tomber la charge sur l'agriculture, toujours taillable et corvéable à merci, parce qu'elle sait se dévouer, se taire et rester isolée (2).

(1) Docteur Guyot.

(2) M. Deusy, maire d'Arras, lors du concours.

N'est-ce pas ce qui se passe tous les jours sous nos yeux ? A-t-on oublié que l'impôt projeté sur le gaz a fini par frapper exclusivement les huiles végétales, indispensables, nécessaires ?

Pour que la régénération agricole, et partant française, soit entière et complète, il est urgent que l'agriculture ait sa représentation efficace, ayant pour base l'élément agricole, chargée de défendre ses intérêts dans les conseils du Gouvernement (1).

Unissons-nous donc pour faire entendre la voix de l'agriculture.

Demandons que 27 millions de cultivateurs aient leurs mandataires, leurs députés dans tous les conseils de la nation.

Ce ne sont point les hommes qui manquent à l'agriculture, c'est l'agriculture qui leur manque.

Pour ne point sortir de notre département, est-ce que les Ponsard, les Duguet, les Payard, les Chemery, et tant d'autres dont je voudrais pouvoir citer les noms, ne seraient point des plus aptes à défendre le grand parti agricole, le seul conservateur ? Puisse un avenir prochain voir se réaliser complètement la véritable représentation agricole! Une autre réforme, je veux dire une nouvelle création non moins désirable, nous manque encore pour cette représentation de l'agriculture, dont elle serait le corollaire : ce serait de voir partout s'établir en France des conseils de prud'hommes

(1) Dans une circulaire récente, l'honorable ministre de l'agriculture, M. de Meaux, projeta la reconstitution des chambres d'agriculture, qui n'étaient guère consultées que pour des renseignements statistiques.

Electives en 1849, le gouvernement s'arrogea le droit de les nommer en 1852 par l'intermédiaire des Préfets. Pour que ces assemblées, des plus utiles, puissent conserver leur dignité et leur indépendance, il serait désirable quelles fussent de nouveau élues par les comices.

agricoles. Que notre département donc, qui marche à la tête du progrès agricole, prenne, par l'intermédiaire de ses comices, l'initiative de ce nouveau progrès qui marquera dans les fastes de l'agriculture !

Leur but, ainsi que ceci existe pour le commerce et l'industrie, serait d'empêcher d'aller en justice de paix pour de simples difficultés. Ces conseils pourraient être nommés, ou du moins pourraient être composés de 3 à 5 membres élus dans chaque commune parmi les plus honnêtes et les plus conciliants. Les plaideurs de mauvaise foi ne se présenteraient point aussi aisément devant les juges de leurs localités, qu'ils n'auraient point l'espoir de tromper, que devant un juge de paix, devant lequel ils ont la ressource de témoignages complaisants. Il s'ensuit que l'on empêcherait de cette façon bon nombre de petits procès, et partant on diminuerait le nombre des plaideurs.

Dans certains cas délicats, où la science du droit est de rigueur, ces tribunaux de famille pourraient éprouver de l'embarras. Cela étant, ils ne rendraient point de sentence, ils se contenteraient d'émettre des avis, d'exprimer une opinion.

Au point de vue historique, disait dernièrement le vaillant directeur de la *Gazette des Campagnes*, on pourrait puiser des exemples dans la vieille Espagne qui a, encore aujourd'hui, des tribunaux de ce genre, connus sous le nom d'*agüadores*, composés d'anciens cultivateurs, qui, le dimanche matin, jugent à l'issue de la messe, sous le porche de l'église, les contestations sur l'usage des eaux d'irrigation dans la Huerta de Valence.

On pourrait aussi citer les tribunaux de la Mesta, qui jugeaient les différends entre bergers des troupeaux nomades de la vieille Castille et de l'Estramadure. Enfin, dans la république rurale d'Andorre, la justice, depuis six siècles, se rend de la même manière.

L'institution des prud'hommes agricoles est une nécessité aussi incontestable pour les intérêts ruraux que les prud'-

hommes industriels. Après tout, est ce que l'industrie agricole en France n'est pas la première et la plus importante de toutes les autres ? Est-ce que ce n'est point elle qui fournit les matières premières ?

Comme appui à l'urgence de la création de prud'hommes, je pourrais citer tel exemple d'un procès d'infraction par un fermier, entraînant la résiliation de son bail, procès qui a duré deux ans et demi et coûté 800 francs (1), tandis qu'il aurait pu être résolu en 15 jours et n'eût pas coûté 20 francs devant un conseil de prud'hommes.

En somme, c'est aux sociétés d'agriculture, aux comices agricoles qu'il appartient de susciter toutes les réformes dont je viens d'énumérer les plus nécessaires.

C'est, en un mot, par l'association des sociétés locales et départementales, vouées à la recherche de ce qui est immédiatement utile et immédiatement praticable, que l'on pourra combattre les lois et les doctrines anti-agricoles.

Provoquer, multiplier les concours, les expositions, les exhibitions agricoles de toute nature. « Nos fêtes de l'agriculture sont des réunions de famille, » disait avec autant de justesse que de sagesse l'honorable président du Comice, à Vertus, en 1874. Ne formons-nous pas, en effet, la famille la plus unie par les idées, par le travail et par les aspirations ? Ne concourons-nous donc pas au même but par l'accroissement progressif de tous les produits du sol, auxquels, tous, nous donnons nos soins et devons nos succès.

Comme l'auteur de ces paroles, je crois que Dieu, dans sa puissante bonté, veut porter remède à nos maux, cicatriser nos plaies, et faire cesser toute inimitié. Cet accord, on ne peut le trouver et on ne le trouvera que sur le terrain neutre de l'agriculture, basé sur la morale et la religion.

Ecoutons aussi l'éminent président de la Société centrale d'agriculture, M. Chevreul : « Le bien matériel doit être

(1) Arrêt de la cour de Rouen du 1er mars 1870

intimement lié au bien moral, car on ne peut méconnaître dans la société la part de l'âme humaine, dont l'intervention hors du domaine des sens se révèle seulement à l'esprit par l'ordre que reçoit cette société et de la religion et des lois. Sans doute, les produits des expositions parlent aux sens, mais il n'en parlent pas moins à l'esprit, car aucun d'eux n'émane du hasard : fruits de la pensée de l'homme, ils sont l'expression visible de son intelligence. En appliquant celle-ci à la production de ce qui est utile à tous, l'homme accomplit la mission providentielle que seul des êtres vivants il a reçue du Créateur, et, en l'accomplissant, il obéit encore à la loi du travail qui lui est imposée en naissant. »

Les expositions n'ont pas seulement l'avantage de rapprocher les hommes de toutes les conditions, en satisfaisant au besoin inné en eux de la sociabilité ; elles ont encore celui d'exciter leur curiosité ; et si elles excitent l'imagination, elles parlent aussi à leur raison, qui est alors l'intelligence réglée par un sens droit pour apprécier le beau, le bon, et en vouloir les conséquences.

Les comices agricoles ont donc un rôle bien important à remplir et bien plus sérieux que jamais. Le réveil agricole de notre département est une preuve pour moi que cette grande œuvre est commencée, et les heureuses conséquences s'en feront bientôt sentir dans le prochain concours international de moissonneuses et de faucheuses, par la combinaison ingénieuse permettant aux membres des comices de propager ces utiles engins à prix réduits. L'annexe d'une foire agricole de tous les instruments d'intérieur et d'extérieur de ferme, établie dans les mêmes conditions, procurera les mêmes bienfaits.

Dans un pays aussi essentiellement agricole que la France, on est surpris de ne point voir parmi tant d'utiles institutions, une école supérieure de l'agriculture, ou plutôt une école de génie agricole. Nous avons une école polytechnique, une école centrale de génie industriel, etc.

L'Allemagne possède plus de trente grandes écoles agricoles, réparties sur tout son territoire, et où la jeunesse trouve à peu de frais un enseignement agricole dans des conditions qui l'invitent à reporter le fruit de son instruction au foyer paternel.

L'honorable M. Bouillet, dans un récent discours, disait qu'un grave tort en France, et en même temps un des malheurs de notre époque, c'était d'attendre et de solliciter des gouvernements les réformes et les améliorations de l'ordre social. La Belgique, notre voisine, a montré maintes fois, et sous les formes les plus variées, la puissance de l'initiative privée pratiquée par la voie de l'association.

Pourtant, en France, les éléments d'une institution supérieure de l'agriculture sont à l'œuvre dans deux établissements distincts; il ne sagit que de les réunir en un seul corps.

Ainsi, au Conservatoire des Arts et métiers, nous avons : 1° le cours d'économie rurale de M. Moll; 2° le cours de chimie agricole de M. Boussingault; 3° le cours de mécanique agricole et de génie rural de M. Mangon. Il y avait aussi, jadis, le cours de zootechnie de M. Baudement, abondonné depuis sa mort.

Au Muséum, M. Decaisne professe un cours de physiologie végétale, ainsi que M. Duchartre; on y trouve, en outre, les cours de chimie agricole de M. Ville, de physique de M. Becquerel, de géologie et de minéralogie de M. Daubrée.

Disséminés aujourd'hui, les résultats de ces divers cours sont à peu près nuls, malgré le dévouement et l'intelligence de ces nombreux professeurs.

Leur voix, dit M. Hervé, se perd dans le désert, précisément à cause de cette dissémination et de la nature extra-agricole des établissements où ils sont annexés. Le jour où l'on distrairait les cours ci-dessus du Muséum et du Conservatoire, pour les réunir en faisceau unique, on formerait l'école supérieure centrale des sciences agricoles. Quand ce jour arrivera, on pourra prédire à ces éminents professeurs un auditoire nombreux, assidu, attentif, et qui mettrait à profit leur haut enseignement.

Ces lignes étaient écrites, lorsque j'appris que notre gouvernement, sur un remarquable rapport de M. le marquis de Dampierre, avait l'intention d'entrer dans cette voie du plus grand intérêt, en créant prochainement une école supérieure d'agriculture, sous le nom de *Faculté des sciences agricoles*. Cet institut comprend douze cours, dont la durée est fixée à deux années.

La rétribution est de 800 francs. Dix bourses sont accordées au concours. Les deux premiers élèves sortants pourront recevoir une mission d'études aux frais de l'Etat. Cette mission durera trois ans. Une ferme expérimentale de 50 hectares sera affectée par l'Etat aux travaux pratiques, c'est-à-dire à l'application de la théorie

Nul doute que la grande majorité de nos députés se montreront une fois de plus de véritables ruraux, en adoptant ce projet des plus utiles ! Espérons-le !

Henri IV n'a-t-il point fait la prospérité de la France pour avoir été un monarque rural ? Et c'est pour ne pas l'avoir été du tout, que ses successeurs ont préparé à leurs descendants et à la nation la période révolutionnaire qui met leur avenir et le nôtre en péril.

Pour conclure : livrons-nous avec confiance aux nobles travaux de l'agriculture. Ne cessons de tourner l'activité de nos campagnes vers les deux grandes sources du bien-être : la terre et le travail. Associons-nous aux espérances du docteur Guyot. Marchons sans crainte dans la voie de la justice, de la vérité et de la morale chrétienne. Nous sommes vingt-sept millions d'agriculteurs contre 9 millions de commerçants, d'industriels. Nous tenons dans nos mains le vivre et le couvert de tous, toutes les richesses vraies, tous les produits vitaux, contre lesquels s'échangent les valeurs de convention. Les ruraux ne peuvent souffrir sans que tout le monde souffre, ils ne peuvent succomber sans que tout le monde périsse.

BABLOT-MAITRE.

Châlons, imp. T. Martin.

www.ingramcontent.com/pod-product-compliance
Ingram Content Group UK Ltd.
Pitfield, Milton Keynes, MK11 3LW, UK
UKHW021128230726
13926UKWH00002B/676

9 782016 110928